北京科技报 专家团队 策划审定

未来科学家科普分级读物（第三辑）

计算机大穿越

小多科学馆 编著 石子儿童书 绘

"科普天团"
ke pu tian tuan　liang shen da zao
为少年量身打造的
科普分级读物
ke pu yue du　fen ji du wu

电子工业出版社
Publishing House of Electronics Industry
北京 · BEIJING

U0281396

目录

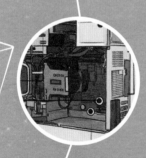

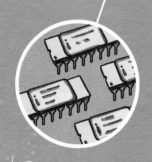

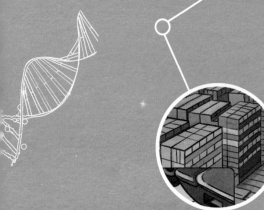

冯·诺依曼结构

约翰·冯·诺伊曼

约翰·冯·诺依曼

约翰·冯·诺伊曼，匈牙利裔美国数学家。因为在计算机逻辑结构设计上的伟大贡献，他被誉为"现代电子计算机之父"。同时，他在经济学、量子力学及几乎所有数学领域都有重大贡献，是现代计算机、博弈论、核武器和生化武器等领域内的科学全才。

1945 年 6 月，冯·诺依曼与赫尔曼·戈德斯坦等人联名发表了一篇长达 101 页的报告，即计算机史上著名的"101 页报告"。这是现代计算机科学发展史上具有里程碑意义的文献。报告中明确了用二进制运算替代十进制运算，并将计算机分成五大组件的思想，为电子计算机的逻辑结构设计奠定了基础，成为计算机设计的基本原则。

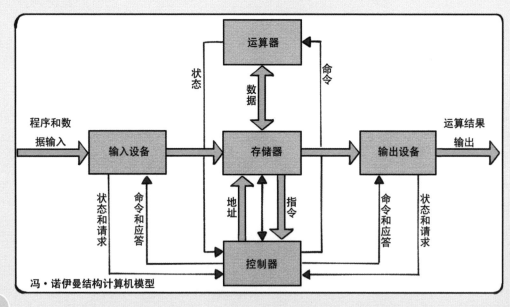

冯·诺伊曼结构计算机模型

冯·诺依曼的记忆力惊人，他的大脑是台精巧的"存储器"。同事们说他不仅能够过目不忘，甚至在多年之后还可以记忆犹新。他还有很强的语言学习能力，可以迅速地将已经掌握的其他语种翻译成英语。

冯·诺依曼的大脑还是一个不知疲倦的"思考器"。在短暂的一生中，冯·诺依曼共发表论文150篇，其中纯数学60篇、物理学20篇、应用数学60篇。冯·诺依曼的最后一篇论文是在病房中写成的"计算机和人脑"（草稿），这篇文章后来经人整理得以发表。

第一代电子计算机

20 世纪 40 年代，第二次世界大战爆发。美军迫切需要更精准、更有威力的火炮来提升战斗力。提高武器性能涉及大量复杂的运算，而当时为数不多的研究人员根本没有时间慢慢地计算。于是，军方委托宾夕法尼亚大学的约翰·莫克利博士和他的学生约翰·埃克特研制能够进行快速计算的计算机。

为了提高计算机的计算速度，莫克利和他的学生用电子管代替继电器，实现了数字开关电路，并将这台设备取名为"电子数字积分计算器"（Electronic Numerical Integrator And Computer），简称"ENIAC"。这一改变，让人类进入了电子时代。

ENIAC 是个庞然大物。它长 30.48 米，宽 6 米，高 2.4 米，能够在 1 秒钟的时间内进行 5000 次加法运算或 400 次乘法运算。它的计算速度是人工计算的 20 万倍。当时，英国的蒙巴顿元帅把 ENIAC 誉为"一个电子的大脑"，"电脑"一词由此而来。

然而，从技术上来讲，ENIAC还未正式投入使用就几乎过时了。因为在它之前，一份关于新型电子计算机的设计报告已经出炉。这份设计报告的起草人之一就是20世纪的天才数学家冯·诺依曼。

20 世纪 40 年代的电子计算机 ENIAC

每计算一道题，必须人工重新安排外部连线

时任弹道研究所顾问的冯·诺依曼原本希望利用ENIAC来解决一些问题，但他发现ENIAC被设计成了一台专门计算火炮弹道轨迹的计算机，并不能进行其他计算。为了解决计算机通用性的问题，冯·诺依曼和莫克利、埃克特一起提出新方案，设计了另外一台计算机——EDVAC。EDVAC的出现，意味着一种新的系统结构的诞生，这种结构被后人称为"冯·诺依曼结构"。

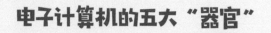

电子计算机的五大"器官"

我们知道，任何事物都由特定的结构组成，比如人体是由各个器官组成的，而计算机的系统结构就是计算机的器官系统。

冯·诺依曼认为，计算机必须由五大部件组成，缺一不可，那就是：

1. 存储器；
2. 控制器；
3. 运算器；
4. 输入设备；
5. 输出设备。

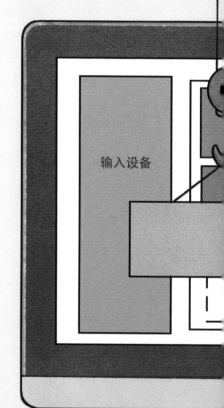

输入设备

冯·诺依曼结构相对于 ENIAC 结构的本质区别，在于控制计算机运行的指令的存储位置不同。控制 ENIAC 的指令存储于计算机之外，通过改变电路接线来人工设定指令。比如，ENIAC 计算一道题，埃克特必须分配几十个人把上百条线路接通，一道运算题需要好几小时甚至一天时间才能计算出来，如果再计算，又要重新连线。而冯·诺依曼把指令存储到了计算机的存储器里，只要输入一个初始命令，控制器就可以把指令提取出来，这样，计算一道题就轻而易举了。

冯·诺依曼还摒弃了十进制，选用二进制来表达计算机的程序和数据。冯·诺依曼结构为电子计算机的逻辑结构奠定了基础，成为计算机设计的基本原则。冯·诺依曼也当之无愧地被誉为"现代电子计算机之父"。

冯·诺依曼设计的电子计算机的五大"器官"

控制器

输出设备

运算器

存储器

计算机工作过程

如果把冯·诺依曼结构跟一个加工厂类比：控制器相当于工厂的总经理，协调各部门顺利工作；指令就像工单；存储器相当于仓库；数据就像原材料和加工完成的工件；输入和输出设备相当于物流部门；存储器相当于一块用于临时存放物品的空地；运算器就相当于加工车间。

一个加工厂的运转过程大概是这样的：总经理接到订单后，首先取出附带加工程序的工单，根据工单领到原材料，送入加工车间按照程序进行加工，加工完成后打包存放，然后运出。

相应地，计算机的工作程序也可以是下面这样的：
1. 将解题的步骤编成若干指令（也叫"程序"），通过输入端口存放在计算机的存储器中；
2. 控制器接到初始命令，根据地址从存储器中读出指令；
3. 控制器根据当前指令，从存储器中取出数据，并传送到计算器中；
4. 计算得到的结果被寄放在寄存器中或送回存储器；
5. 重复这一操作进行下一步计算，直到程序中的指令执行完毕；
6. 最终的计算结果从输出端口输出。

控制器：控制器解释和翻译指令（译码），控制功能部件（如运算器）执行相关的操作。

冯·诺伊曼结构就像一个加工厂

输入/输出设备：与计算机的外部设备（键盘、鼠标、磁盘等）进行信息传输的关口和通道。

存储器：用于存放指令和数据（包括原始数据、中间结果和最终结果）。程序和数据在存储器中都是以二进制的形式表示的。

冯·诺依曼结构有一个先来后到的原则。在执行任务时，控制器按照程序指定的逻辑顺序，逐条把指令和数据从存储器中取出并加以执行。访问存储器时必须严格按照地址顺序，从头至尾进行查找访问，并且每次只能对一个存储单元进行操作，而无法一次性全部取出，等到所需数据全部就绪后指令才能够得以执行。也就是说，加工车间有时候会停工，大家都在仓库外面排队领原料。这限制了计算机的运算速度，从而降低了计算机的工作效率。

运算器（包括寄存器）：运算器具体完成算术与逻辑运算；寄存器用于存放运算操作数据，在连续运算中，还用于存放中间结果和最后结果。

冯·诺依曼结构的局限性束缚了现代计算机的进一步发展，科学家已经开始寻求非冯·诺依曼结构的新体系，神经计算机、量子计算机、DNA计算机也应运而生。

个人计算机操作系统

启动计算机

按下计算机的启动键，就可以打开计算机。

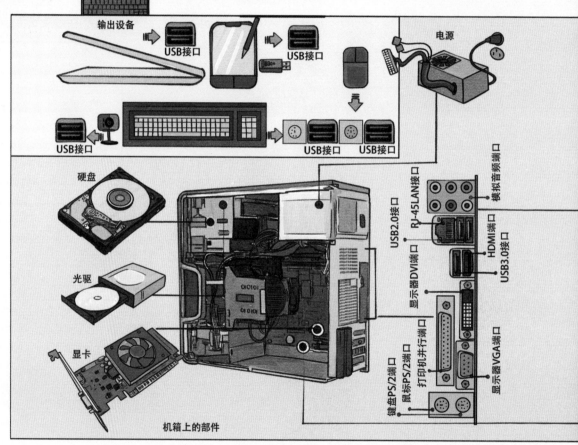

输出设备

USB接口

USB接口

电源

USB接口

USB接口 USB接口

硬盘

光驱

显卡

机箱上的部件

USB2.0接口

RJ-45LAN接口

模拟音频端口

显示器DVI端口

HDMI端口

USB3.0接口

键盘PS/2端口

鼠标PS/2端口

打印机并行端口

显示器VGA端口

在这个过程中，计算机要完成的工作比你想象的要复杂得多。首先工作的是计算机里面的一块集成电路，它需要读取芯片里预存的程序，这个程序叫作"基本输入 / 输出系统"（Basic Input/ Output System），简称"BIOS"。

BIOS 程序先检查计算机硬件，看看能否满足运行的基本条件，然后按照预先设定的启动顺序，告诉计算机操作系统装在哪里——硬盘、光盘，或者 U 盘的哪个位置。然后，计算机就会加载操作系统了。

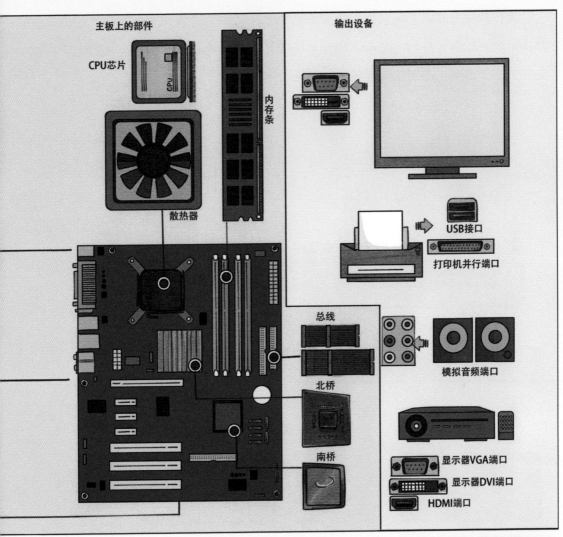

接着，BIOS 将计算机的控制权转交给操作系统，操作系统内核首先被载入内存，等到一切就绪后，登录界面便跳出，等待用户输入用户名和密码。

操作系统，你好！

计算机就像一块三明治

操作系统（Operating System，简称 OS）其实也是一组程序。只不过一般来说，这是一组相当大的程序。它有多大呢？举一个例子，微软的 Windows 8 大概有 5000 万～6000 万条程序语句，开发这个大程序花费了微软工程师大概 20 年的时间。

操作系统很复杂，但从使用者的角度来看，它却非常简单。如果把计算机的硬件比喻成一栋刚盖好的毛坯房，操作系统就好比是大楼的水电气供给、装修等基础设施。有了这些，应用软件才能陆续进驻。

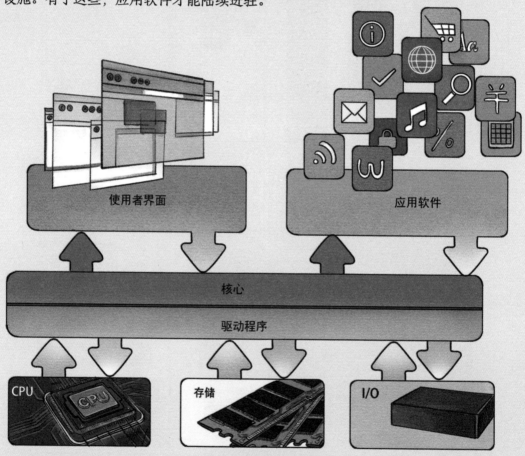

我们把使用中的计算机分成几个层面：硬件是底层，在硬件上面的是操作系统的内核，再上一层的就是我们每天都见到的"壳"层，也就是我们在屏幕上看到的一个个文件夹、各种管理界面、控制中心等的架构；同在这一层的，正是能够带给我们各种体验的应用程序。

计算机最重要的运算与逻辑判断是在 CPU（Central Processing Unit，中央处理器）内部，我们只要把程序编写好了，让编译器编译成计算机语言，似乎就可以让计算机工作了。但这只是某一层面的工作。CPU 判断逻辑与运算数值、让主内存可以开始载入 / 读出数据与程序码、让硬盘被存取、让网络卡传输数据、让所有周边运转等动作都必须通过这个操作系统来实现。

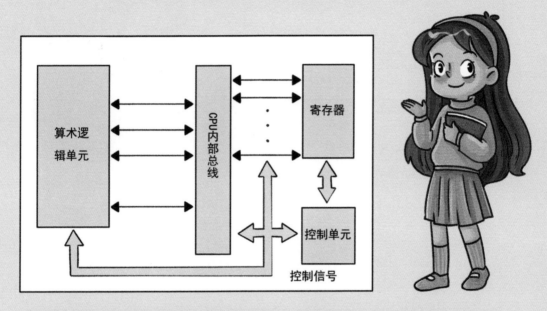

CPU 的主要功能是执行存放在主存储器中的程序，即机器指令。它由控制单元（CU）、算术逻辑单元（ALU）、寄存器等部件组成。CPU 从寄存器中取出指令，CU 发出各种操作命令来执行指令，通过相应的总线到达 ALU，来完成算术运算和逻辑运算，运算后的结果再返回到寄存器中。

我们用一个通俗的说法来描述操作系统的职能——隐藏硬件。我们只需要面对操作系统，处理硬件的那些琐事就全部交由操作系统来完成。

在这里，内核是最关键的一层。顾名思义，这是操作系统最核心的部分。对内，它能有效地组织和管理处理器、内存，决定一个程序在什么时候对某部分硬件进行操作，并通过驱动程序让硬盘、显示器、键盘、鼠标等各种外部设备发挥最佳功能；对外，它提供各种具有服务功能的接口给应用程序和用户。

无论你在计算机面前的动作有多熟练，也无论网络、视频、音频、打印机等各种设备给计算机多大的工作压力，计算机都会保持自己的速度，不急不躁、按部就班地工作，这是基于一个叫作"进程"的概念。

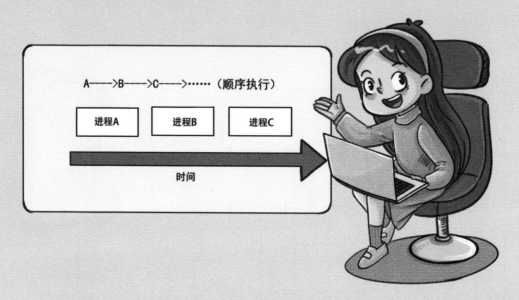

一个进程就是一个正在工作的程序。计算机的工作就是一个进程跟着一个进程进行的，任何程序都是以进程作为标准的执行单位。你可以在计算机上打开 Word 来编辑文本，又打开 Photoshop 来处理图片，并同时打开音频播放软件播放音乐。这些应用软件的工作都对应着一个到几个进程。

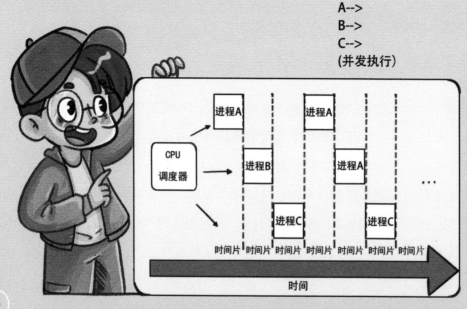

当年运用冯·诺伊曼结构建造计算机时，每个中央处理器只能执行一个进程。现代的计算机可以利用多进程功能同时执行多个进程。

一个进程是程序的一次执行，它具有生命周期，包括创建、活动、暂停、终止等过程。相对来讲，进程的运行速度是慢的，而 CPU 的运行速度非常快（现在的 CPU 主频达到 2 吉赫是很轻松的事情）。所以，一个 CPU 可以为很多个进程服务。以前，大部分的计算机只包含一个 CPU，在单内核的情况下，多进程只是在进程间进行简单、迅速的切换，让每个进程都能够执行；而在多内核或多处理器的情况下，所有进程通过协同技术在各处理器或内核上转换。

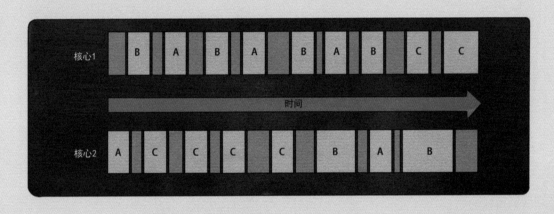

总之，各个进程必须合理地交替进行，不得互相干扰，而进程调度员就是操作系统。

当然，同时执行太多进程时，每个进程能分配到的时间就很少，就会出现诸如声音断断续续或鼠标跳格的情况。

计算机的"壳"

我们看不到计算机的硬件动作，同时也看不到操作系统的内核，但是我们能够看到操作系统的"壳"。

当你进入计算机后，第一眼看到的就是图形用户界面（Graphical User Interface，简称 GUI）。计算机屏幕上显示窗口、图标、按钮等图形，用户通过鼠标和键盘完成各种动作。

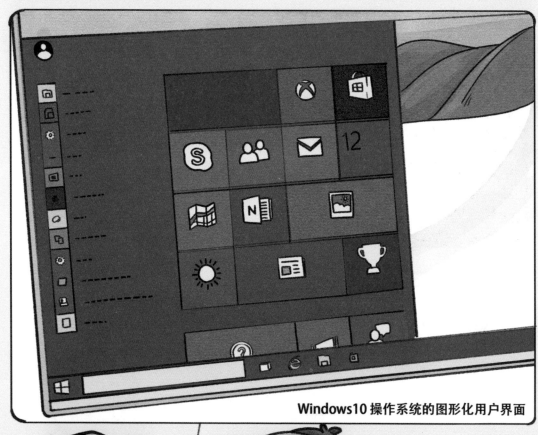

Windows10 操作系统的图形化用户界面

早期的计算机使用的是 DOS（Disk Operating System）操作系统，给计算机下达任何任务都要通过键入命令来完成（早期的计算机甚至没有鼠标）。那时的计算机使用者需要经过专门的训练，牢记很多命令代码。后来图形界面出现了，使用计算机的技术门槛大幅下降。

1981 年 8 月 12 日，美国 IBM 公司正式推出首台个人电脑产品 IBM 5051，它使用的操作系统是 MS-DOS 1.14 版。

1984 年，IBM 公司推出了下一代个人电脑 IBM PC/AT，操作系统是 MS-DOS 3.0 版。

当代计算机的图形界面，力求简洁清晰、容易理解，同时要美观、有趣、不单调。每当新版本的操作系统被推出，我们都可以看到图形用户界面改头换面。我们认识一个新的操作系统，往往都是从认识新的用户界面开始的。不同类型的操作系统也常常以特有的图形用户界面来吸引使用者。

指挥硬件工作

在计算机里，有一个名为"驱动程序"的设计，它非常靠近硬件。驱动程序的目的，是使硬件能正常地工作，比如让网卡发送数据、让声卡播放声音等。

驱动程序是被嵌入操作系统中的相对独立的程序。一个操作系统，武装着一整套通用的驱动程序，让计算机主机硬件能够正常工作，也让外部设备能够完成基本功能。当然，一些外部设备，如声卡、显卡、打印机等，因型号和功能繁多，操作系统不能保证这些设备都能正常运行，那么就需要安装特定设备的专有的驱动程序。驱动程序一旦被安装，就自动成为操作系统的新的部分。

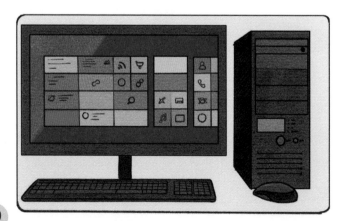

戴尔电脑
驱动盘

操作系统将各种驱动程序统筹起来，形成一套简单一致的接口给应用程序使用。而当计算机运行时，应用程序会争抢有限的硬件设备资源，比如网卡、声卡、显卡、硬盘等。计算机必须制定某种管理机制，将有限的硬件资源协调分配给不同的应用程序使用，这也是操作系统的任务之一。

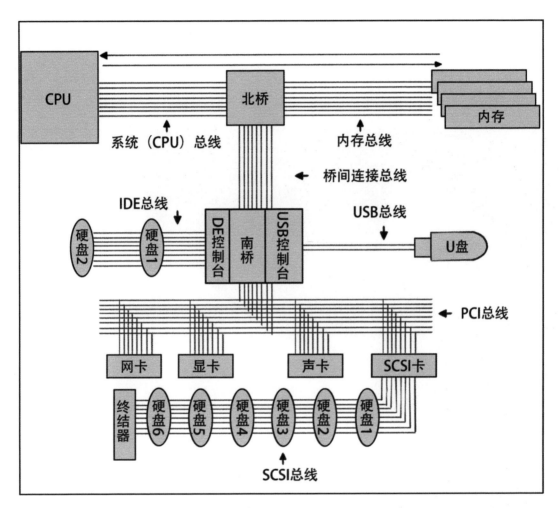

在微型计算机系统中，CPU(Central Processing Unit，中央处理器)、存储器、I/O（Input/Output，输入/输出）设备等各部件通过总线相互连接，由 CPU 控制各部件对总线的使用权。

IDE（Integrated Development Environment，集成开发环境）总线：连接硬盘与硬盘控制器。

PCI（Peripheral Component Interconnect，定义局部总线标准）总线：连接南桥与外部插件、设备。

SCSI（Small Computer System Interface，小型计算机系统接口）总线：连接计算机与周边设备。

通过对操作系统的了解，现在你对计算机的认识应该进入到更深的层次了吧？

个人计算机的历史

IC——电路系统的"易筋经"

有个人，他一生中创造了一项发明，这项发明不仅让全世界的工业发生了天翻地覆的变化，而且让我们的生活习惯和生活方式日新月异，这个人就是杰克·基尔比，他的发明就是集成电路（Integrated Circuit，简称IC）。

最新的大规模集成电路的微观结构已经达到几十纳米的精细度

1958年，34岁的基尔比来到美国德州仪器公司，从事小型化电路的研制工作。

在当时，一台计算机需要把电阻、电容、电感以及其他类电子元器件焊接在一起，这需要很多元器件和很大的空间。元器件即便已经小型化，但成百上千个元器件也让焊接、维修工作十分困难，计算机自身也很脆弱。于是，基尔比在仔细研究了电路图和设计方案后产生了一个想法：如果电路中所有的元器件使用同一种材料制作，是不是就不需要将预先制造出的单个元器件焊接起来，而是直接把它们在同一块基板上制作出来呢？

1958 年 9 月 12 日，基尔比成功研制出世界上第一块集成电路板。在电路板上不超过 4 平方毫米的区域内，集成了 20 余个晶体管、电阻和电容元件。基尔比本人也因为发明了集成电路板而获得 2000 年的诺贝尔物理学奖。

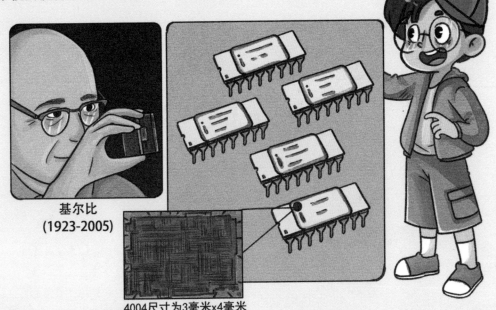

基尔比
(1923-2005)

4004尺寸为3毫米x4毫米
处理器 4004 的尺寸为 3 毫米 ×4 毫米

集成电路可以说是电子电路系统的"易筋经"，它让电路的"筋脉"变得更加细微，使微处理器的出现成为可能。光刻技术的出现，让集成电路里的元器件的尺寸越来越小，从早年的几十微米，缩小到现在的几十纳米。

4004—— 一颗难忘的"初芯"

1971 年 11 月 15 日，美国英特尔公司发布世界上首款商用处理器 4004。

揭开它的封装，我们看到了密密麻麻的 2300 个晶体管，晶体管之间的距离是 10 微米。它能够处理总线宽度为 4 比特的数据，每秒运算 9 万次，运行的频率为 740 千赫。芯片外面有 16 个管脚，每一个都有特定的功能。

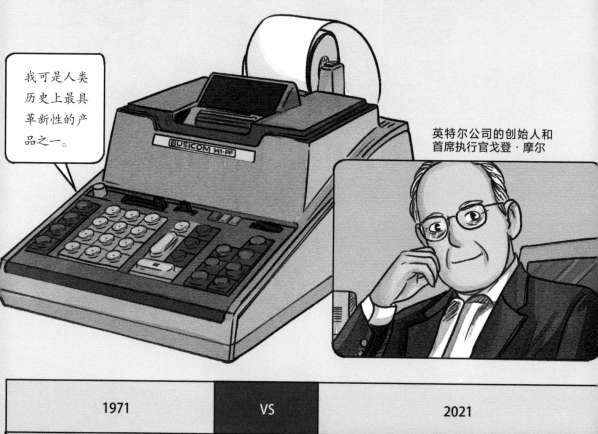

我可是人类历史上最具革新性的产品之一。

英特尔公司的创始人和首席执行官戈登·摩尔

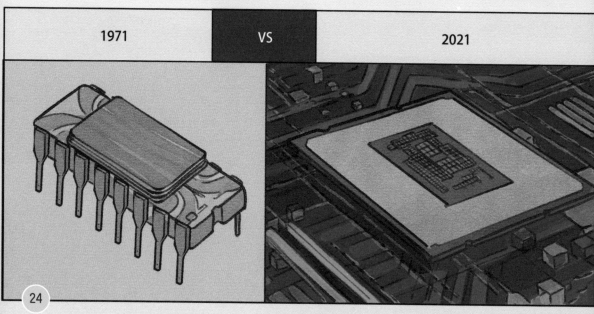

1971   VS   2021

4004
总线宽度：4 比特
晶体管数量：2300 个
时钟频率：740 千赫

Intel 4004 加上 4001 动态随机存储器 DRAM、4002 只读存储器 ROM、4003 寄存器，"四手联弹"就可架构出一台微型计算机。

从当初的 4 位到现在的 64 位，从 2300 个晶体管到现在的 14 亿个，英特尔 40 多年来持续的技术飞跃，让人瞠目结舌。不过时至今日，人们仍然没有忘记 4004 那颗"初芯"，那是英特尔公司"开山立派"的第一声"心跳"。

8088
总线宽度：16 比特
晶体管数量：2.9 万个
时钟频率：5~10 兆赫

奔腾
总线宽度：32 比特
晶体管数量：310~450 万个
时钟频率：60~166 兆赫

奔腾 4
总线宽度：64 比特
晶体管数量：4200 万~1.84 亿个
时钟频率：1.3~3.8 吉赫

酷睿 i7
总线宽度：64 比特
晶体管数量：14 亿个
时钟频率：3.5~4 吉赫

"鲜美"的苹果

1976 年，史蒂夫·乔布斯、斯蒂芬·盖瑞·沃兹尼亚克和罗·韦恩三人在乔布斯父母的车库里创办了美国苹果电脑公司（2007 年改名为苹果公司）。公司成立当年，沃兹尼亚克开发了公司史上第一款电脑——Apple Ⅰ，它采用的是 8 位微处理器 MOS Technology 6502，时钟频率 1 ~ 2 兆赫，这部长得像打字机的电脑，可以连接电视作为显示器。乔布斯与本地一家电脑商店签下了第一单合同，这家电脑商店以每台 500 美元的价格订购了 50 台 Apple Ⅰ，最终 Apple Ⅰ 共生产了 200 台。

　　1977 年 4 月，苹果电脑公司在首届美国西岸电脑展览会上推出全球首台真正意义上的个人电脑——Apple Ⅱ。它采用的是摩托罗拉的 68000 微处理器，支持 280 × 192 分辨率的视频输出，可显示 16 种色彩，并且拥有单声道声音输出架构，从此电脑可以发出声音。Apple Ⅱ 将文字处理和电子表格软件 VisiCalc 带进了家庭，使之成为计算机史上第一款杀手级的应用软件。

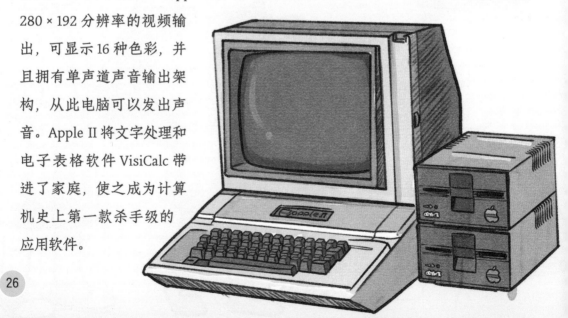

1984 年 1 月 24 日，Apple Macintosh 个人电脑发布，这部电脑配备了图形操作系统，成为计算机发展史上的里程碑级作品，创造了 10 天销售 5 万台的成绩。电脑的设计师本打算用他最爱的苹果品种 McIntosh 来命名这部电脑，但为了避免与音频设备制造商 McIntosh 的名字冲突而改变了字母的拼写。

苹果公司是一家充满创意的公司，在它 40 多年的发展史上，先进的技术、完美的设计层出不穷。苹果的成就与它的创始人史蒂夫·乔布斯密不可分。在他的带领下，个人电脑的设计一度引领"后 PC 时代"的潮流。

公开秘籍——IBM 的"撒手锏"

在 20 世纪 80 年代，市面上的个人计算机的结构是封闭的，企业从来不会泄漏有关它们产品的技术细节，并且市面上的处理器种类繁多。

1980 年，IBM 公司实施了一个史无前例的创举，就是"公开武林秘籍"：建立一个开放性标准的个人计算机架构，公开了除 BIOS（基本输入输出系统）之外的全部技术资料，使不同厂商的标准部件可以互换。这个架构开创了 IBM 个人计算机的历史。有一个成功的架构作为范本，其他公司就可以按照这个开放性标准制造电脑，这些电脑被称为"兼容机"。

同时，IBM 推出了 IBM 5150 型电脑，该电脑配置了 16 位、4.77 兆赫的 Intel 8088 微处理器，内存可扩展至 256 千字节、拥有 5.25 英寸的软盘驱动器，还可以使用盒式录音磁带来下载和存储数据。5150 型电脑安装了微软公司的磁盘操作系统（X86-DOS）、电子表格软件 VisiCalc 和文本输入软件 Easywriter。

尽管当时这款电脑不算便宜（售价 1565 美元），可用的应用程序也少得可怜，但非常受欢迎。

1982 年，IBM 5150——这台信息时代的"开山鼻祖"登上美国《时代》周刊的封面，被评选为"年度人物"。该刊写道："这是一年以来最吸引人的新闻话题，它代表着一种进程，一种持续发展并被广泛接受和欢迎的进程。"

开放标准聚拢了大量板卡、部件生产商和整机生产商，大大提高了个人电脑的产业化发展速度。到 1990 年初，个人电脑市场上仅剩 IBM 的 PC 兼容机和 Macintosh 两个主要系列，其中 IBM 兼容机数量占据了绝对的主导地位。

硬件和软件的组合

在 20 世纪 80 年代，个人计算机兼容机的标准操作系统是 MS-DOS。MS-DOS 在操作上很笨拙，想要操作计算机需要一行一行地手动键入指令。比如复制一个文件时，必须手工输入命令"copy"，而不是直接用鼠标把文件拉到"目的地"。

MS-DOS复制文件时不能通过鼠标把文件拉到"目的地"，而是需要输入命令"copy"

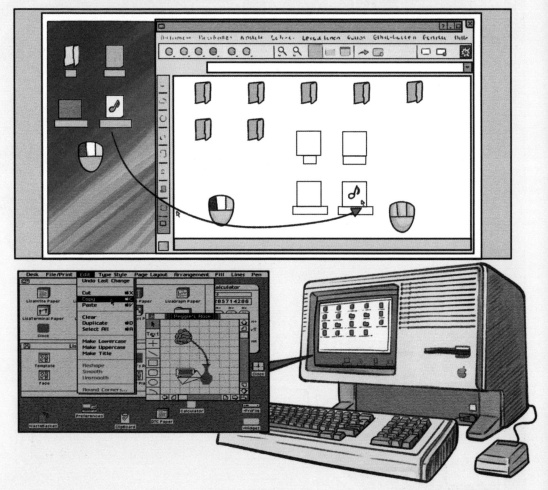

1983 年，苹果公司的第一个图形用户界面（GUI）操作系统 Apple Lisa 诞生。虽然当时 GUI 系统并不完善，但微软准确地预测了 GUI 引领未来操作系统的潮流，把目光从当时如日中天的 MS-DOS 系统转向了 Windows 系统。1985 年 11 月，Microsoft Windows 1.0 发布，Windows 王朝正式拉开了序幕。

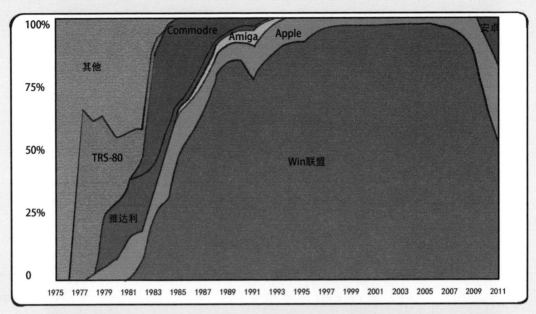

不同操作系统历年的市场占有率。从2008年后，Android从无到有，Apple市场占有率上升，Win联盟市场占有率相应下降

1975 年，全球个人电脑销售量为 5 万台。到 2015 年，全球电脑销售量为 2.385 亿台。从 20 世纪 70 年代至今，个人电脑的销售已经超过了 40 亿台。个人计算机，从最初用于科学运算、财务处理、办公，到浏览网页、游戏、远程办公、工业控制等，已经成为现代社会不可分割的一部分。硬盘、彩色显示器、光盘、图形用户界面、图像处理软件、办公软件、笔记本电脑、平板电脑、网上购物、社交网络、E-mail、搜索引擎，科技创新层出不穷，让人眼花缭乱。

摩尔定律——一条"生死律"

英特尔公司的戈登·摩尔提出：当价格不变时，集成电路上可容纳元器件的数目每隔18～24个月便会增加1倍，性能也将提升1倍。假如把晶体管想象成人类世界，我们可以看到，最早的微处理器4004有2300个晶体管，这相当于在一个音乐厅里坐进了2300名听众。到了20世纪90年代，微处理器80286有134000个晶体管，这相当于让万人体育馆里的134000个人挤到那个音乐厅里。到了1999年的奔腾Ⅲ，有3000多万个晶体管，这相当于让东京的所有市民挤到那个音乐厅里。而现在的英特尔酷睿i7处理器包含超过14亿个晶体管，这相当于让超过10亿的人挤到那个音乐厅里。

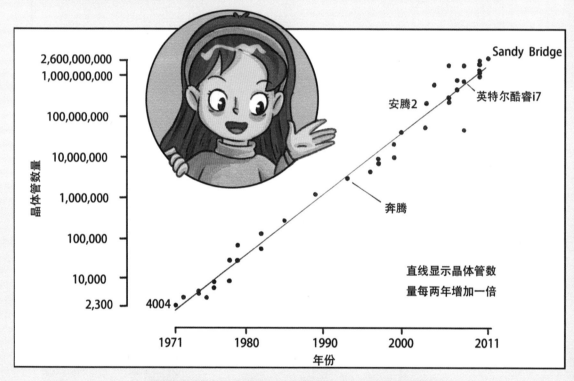

电脑处理器中晶体管数目的指数增长情况匹配摩尔定律

摩尔定律揭示了信息技术进步的速度，同时，也是一条生死线！芯片公司的技术革新，如果达不到这个速度，就会被竞争对手打败——依律定生死。

尽管这种趋势已经持续了大半个世纪，但是摩尔定律只是观察和推测出来的，并不是物理定律或自然法则。科学家预计，摩尔定律至少会持续到2030年。

那么，摩尔定律走向尽头之后是什么？3D芯片是其中的一个可能。

传统的微处理器芯片和内存芯片，是在二维的平面上从微米级别走到了纳米级别，摩尔定律也是在二维的平面上"定生死"。如果传统的芯片是一层楼的平房，那么3D芯片建的就是高层建筑甚至摩天大楼，每加高一层，芯片中晶体管的密度就比传统芯片大了一倍。

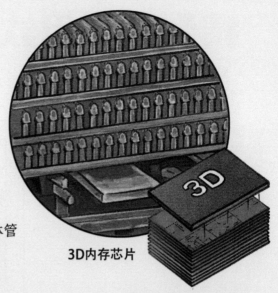

3D内存芯片

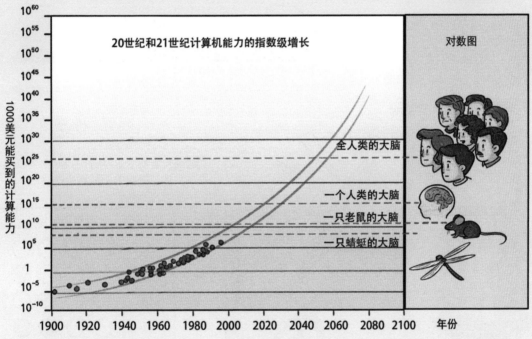

考察电脑发展程度的标杆，是看1000美元能买到多少CPS。目前1000美元能买到的CPS，比那只叫"小强"的蟑螂强大，但是略逊于那只叫"一只耳"的老鼠。

到2030 - 2040年，1000美元购买的CPS，可以达到一个正常成年人的水平。当1000美元能买到人脑级别的1亿亿运算能力的时候，"人工智能"具备了自我意识，在各方面都能和人类比肩，人类能干的脑力活它都能干。到了那个时候，它不再是"电脑"，而是"人脑"了。

精彩的应用软件

用0和1来表达复杂的计算时，过程是极其烦琐的，一个简单的计算，可能就要用到天文数字量的0和1。现在的程序员已经不可能用这种语言来和计算机交流了，他们需要用一种简单的、能够从字面上看出计算题原义的语言——编程语言。利用编程语言，程序员能够准确地定义计算机需要使用的数据，并精确地下达指令。

二进制只有两个数字——1和0，逢二进一。用二进制表示的数是这样的：

十进制	二进制	二进制图例说明
0	0	
1	01	
2	10	
3	11	
4	100	
5	101	
6	110	
7	111	
8	1000	
9	1001	
10	1010	
11	1011	

汇编语言也许是最早期的计算机编程语言，出现于20世纪50年代初。汇编语言用比较容易识别、记忆的助记符替代特定的二进制字符串，将早期的程序员从密密麻麻的0和1中解救出来。比如这样的语句：ADD AX，BX；

就是表示将寄存器AX和寄存器BX中的内容相加，结果保存在寄存器AX中。

看看b图的计算机机器语言，这是实现83和–2相加的运算指令，写成a图所示的汇编语言后就简单而且直观了。

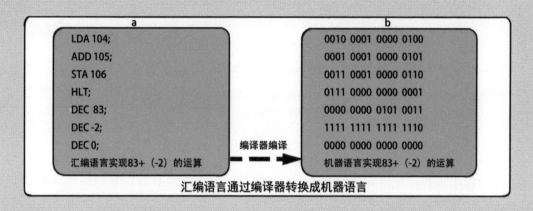

汇编语言通过编译器转换成机器语言

因为计算机只能执行机器语言，不能执行汇编语言，所以写完汇编语言程序后，还需要用编译器将其编译成机器语言，才能让CPU读懂。汇编语言的处理过程如下图所示：

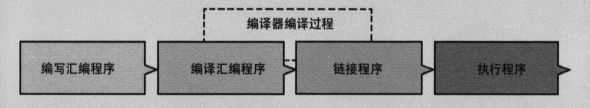

程序开发人员首先将一个完整的任务分解成不同的部分，每一部分都使用汇编语言编写成汇编程序；然后将汇编程序交给编译器，编译器负责将汇编程序翻译成机器语言（即编译器编译汇编程序的过程），并负责将翻译后的多个汇编程序组合成一个完整的机器语言程序，这个完整的机器语言程序通常称为"可执行程序"（即编译器链接程序的过程）；最后计算机运行可执行程序。编译器的出现，在编程语言发展史上具有极其重要的意义，它为高级语言的出现奠定了基础。

假设班主任老师统计了全班同学期中考试的分数，并制作了一个表格：

姓名	数学	语文	英语	学生平均
A	60	80	98	79.3
B	99	99	60	86.0
C	80	80	80	80.0
D	80	60	98	79.3
学科平均	79.8	79.8	84.0	

把同学名字填入一列，数学成绩一列，语文成绩一列，英语成绩一列。然后，统计全班学生各科的平均分数和每名同学的平均分数。

1977 年，曾就读于麻省理工学院以及哈佛大学工商管理专业的丹·布里克林，苦于专业中需要大量烦琐的计算，他的好友鲍伯·法兰克斯顿是个专业程序员。两人合作在苹果公司的 Apple II 计算机上编写了一个程序来简化数据计算，并且可以实时查看并修改参与计算的各个数据。他们开发了第一款电子表格办公软件——VisiCalc。VisiCalc 是 Visible Calculator 的缩写，意思是"看得见的计算"。

这个软件一经推出，立刻就引来了大量的关注。当年的 Apple II 计算机的售价约为 2000 美元，VisiCalc 仅售 100 美元，而事实上，有相当一部分的用户是为了使用 VisiCalc 软件而买了一台 Apple II 的。

从此也诞生了一个新的名词：杀手级应用（Killer Application）。意思是说，这个软件太有用了，用户愿意为这个软件购置相应的硬件产品。

一直到 1985 年，VisiCalc 始终被视为促进个人电脑产业迅速发展的主要催化剂。在 VisiCalc 大卖的时代，美国还没有出现"软件专利"这个概念，相继有软件公司推出了自家的电子表格软件，VisiCalc 逐渐淡出了市场。布里克林始终没有因为他的 VisiCalc 变得富有，他说："发明 VisiCalc 没有使我变得富有，但我却感觉到我用它改变了世界。"

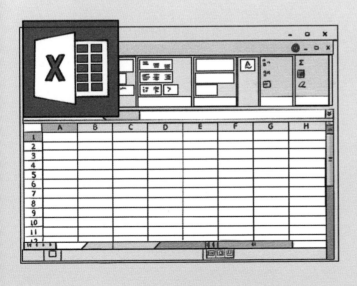

我们现在常用的 Excel 电子表格软件，是微软公司在 1985 年开发的、模拟纸上表格的计算机程序。电子表格在财务信息、数据统计和图表制作等方面有着非常广泛的应用。

电脑的"游戏人生"

对于很多电脑使用者来说，不能玩游戏的电脑，就不是好电脑。

1960 年，数字设备公司推出了一款革命性的小型计算机"PDP-1"，它采用 CRT 阴极射线管显示器。只需要一个人就能操作它，且不需要空调——在那个年代，计算机都是功耗大、散热量大的庞然大物，若没有空调设备，机房温度可以很轻易地升到 50 摄氏度以上。

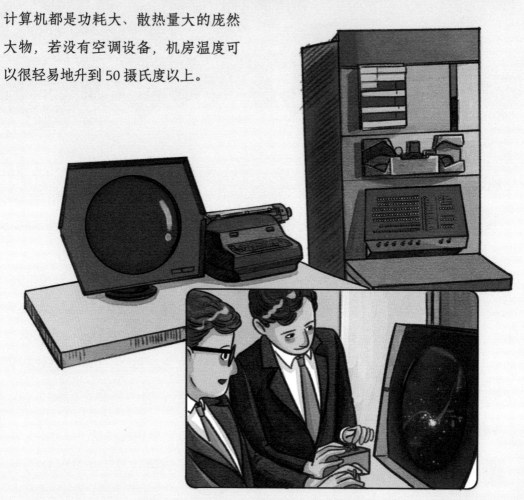

1962 年，麻省理工学院的学生史蒂夫·拉塞尔和他的几名同学一起，在"PDP-1"小型机上设计出了一款双人射击游戏——《空间大战》。这款游戏的规则非常简单，它通过阴极射线管显示器来显示画面，并模拟了一个包含各种星球的宇宙空间。在这个空间里，重力、加速度、惯性等物理特性一应俱全，而玩家可以用各种武器击毁对方的太空船，但要避免碰撞星球。

我们现在回头看这款最早的计算机游戏，就好像是现代人看山顶洞人钻木取火，画面简直是不忍直视。

但是，它已经具备了很多现代游戏设计的基本概念和方法。《超级玛丽》《我的世界》的出现都可以追溯到这款简易的游戏。

在文字文本之外，计算机还可以处理图像、音频和视频，这些被称为"多媒体"。多媒体使电脑世界的二进制数字不再枯燥乏味。你可以用 Photoshop 处理照片，让照片里的自己看上去更帅气，也可以试着给自己配上不同的发型和服饰，还可以在电脑上给朋友绘制生日贺卡。

Photoshop 是迄今为止世界上最畅销的图像编辑软件之一，它已成为图像处理行业及许多相关行业的标准。很多人对比经过 Photoshop 处理前后的照片会惊呼上当受骗，这是当年软件开发者们没有想到的。

那么，最早的 Photoshop 软件是如何被开发出来的呢？

1987年秋，托马斯·诺尔在美国密歇根大学攻读博士，他一直尝试编写一个程序，能够在黑白位图监视器上显示灰阶图像，他把这个程序命名为"Display"。他编写这个程序纯粹是为了娱乐，有很多发明创造都是"不务正业"者搞出来的。

约翰·诺尔正在实验利用计算机创造特效，他让弟弟托马斯帮他编写一个程序来处理数字图像，这也是 Display 的一个极佳起点，PS 亲兄弟的合作也从此开始。

从最简单的灰度分阶，到强大的图像编辑、图像合成、校色调色及功能色效制作，Photoshop 近三十年的发展历史，绝对比任何 PS 过的图片都要色彩纷呈。它已经不仅仅是一款强大的计算机应用软件，而是数字时代多媒体文化的重要组成部分。

网线另一端的神秘世界

把信息打包传递

作为互联网时代的一分子，你已经能够熟练地收发电子邮件、打电子游戏、浏览网页或是在手机上给亲朋好友发信息，但你未必了解网线另一端的神秘世界。这连接全世界的互联网是如何诞生的？又是如何工作的呢？

互联网的前身是美国国防部高级研究计划署在 1969 年建立的名叫"ARPA"的网络。这是一个实验性质的网络，目的是把几台从事军事活动的计算机连接起来，建立一个可靠的数据传输网络。所谓可靠，就是一旦发生战争，网络的一部分遭到破坏的时候，数据还能绕道从网络的其他通路到达目的地。

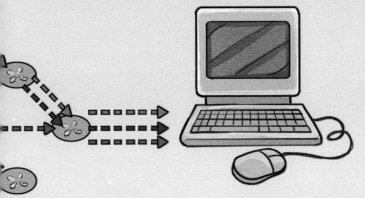

实现这一目的的关键是把数据分成小块传输。每个数据块里都有目标计算机的地址、发起计算机的地址以及数据块的序号。

把数据块依次放入网络，网络会根据数据块中目标计算机的地址，选择最快的路径，把数据块送到目标计算机，目标计算机会根据数据块中的序号把数据拼装还原。一旦部分网络受损，传输出现问题，造成其中一些数据块丢失，网络会自动通知发起计算机，重新发送一遍这些丢失的数据块，直到全部数据传送成功。这一原理就是所谓的"包交换"技术，也被称为"分组交换技术"，意思就是把数据分成一个一个的包或组。

包交换的另一个好处是，数据通路可以共享复用。老式的电话网络就不是基于包交换技术，一条线路的两端只能一对一地通话。应用包交换技术，一条线路上可以传送更多的数据，包括声音、图像，而且不会相互干扰，传输效率也得到了大大提高。

共同遵守的信息传递规范

ARPA 网络问世之初，各个单位使用的计算机硬件平台和系统软件都是不一样的，接收网络信号的接口也互不兼容。为了让这些互不兼容的计算机能够相互通信、平等地共享资源，就需要设计一种不同类型的计算机都能理解的统一协议，让它们可以顺畅地通信和共享资源。ARPA 第一个通信协议叫 NCP。由于自身设计的缺陷，NCP 协议很快就被 TCP/IP 协议取代，而 TCP/IP 协议成为现在的互联网的基石。

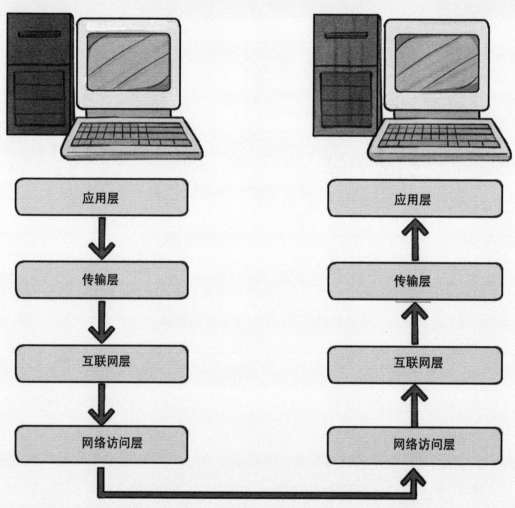

计算机上的信号，会依次经过应用层、传输层、互联网层和网络访问层在互联网上流通

TCP/IP 网络协议是一个分层的协议，一共分为四层。也就是说，把一项工作分给几个部门来分管。这四个部门包括应用层、传输层（TCP 协议位于这一层）、互联网层（IP 协议位于这一层）以及网络访问层。

应用层是指这些信息的具体用途的规范，如网页浏览（HTTP 协议）、传文件（FTP 协议）、发电子邮件等，都有自己的应答、识别规范。传输层（TCP 协议）负责信息的可靠传输，它把应用层传来的信息分割成前文所说的数据块，并加上地址信息标志。互联网层负责把传输层发来的数据块发给网络访问层，告诉路由器如何将数据块送到目的地。TCP/IP 其实是一整套协议的总称，除 TCP 协议、IP 协议外，还包括很多其他的网络控制的协议。当然，TCP 和 IP 协议是其中最重要的两个协议。

文顿·格雷·瑟夫和罗伯特·卡恩都被称为"互联网之父"。

文顿·格雷·瑟夫

罗伯特·卡恩

互联网

互联网也叫"网际网络"，依靠 TCP/IP 协议把世界上大大小小的网络连接在一起，形成一个互联互通的大网络。

把这些子网络连接在一起的关键设备是路由器。当一个数据块发给路由器后，路由器根据数据块内的目标计算机地址——IP 地址，判断目标计算机是否在子网内部。如果在子网内，则将数据块直接发送到目标计算机；如果不在，则把数据块发到上一级路由器中。

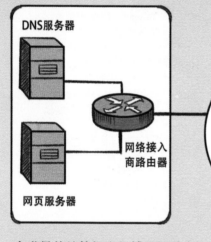

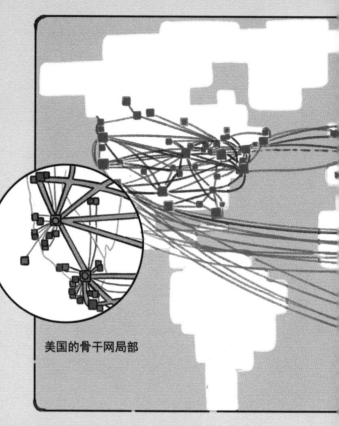

美国的骨干网局部

全世界的计算机和局域网通过本地网络接入商的线路，再接入到国家和全球骨干网，形成全球无远弗届的互联网。

46

上一级路由器重复这个判断过程，直到找到目标计算机为止。一般连接不同区域的网络，如城市或国家之间的网络，叫作"骨干网"。在全球近百个骨干网中，中国拥有九大骨干网。这些骨干网是国家批准的可以直接和国外连接的互联网。

我们上网时首先要连接到订购的互联网服务提供商，再由互联网服务提供商连接到骨干网，再通过骨干网连接到全世界。

互联网上的计算机

最初的 ARPA 只有四台主机，它们分布在美国的加州大学洛杉矶分校、斯坦福研究院、加州大学圣巴巴拉分校、犹他大学，而现在全球的主机数量已经达到几十亿台。

这几十亿台计算机大致可以分为两种类型：客户机和服务器。我们在计算机上用浏览器上网时，这台计算机就是一个客户机，而浏览器就是一个客户机程序；根据我们的需求为我们生成网页并传送给我们的计算机就叫"服务器"。这种客户机提出请求、服务器做出应答的工作方式，就叫"客户机/服务器模式"，即 CS 模式，它是互联网最基本的工作模式。

为了承载更多的服务请求，服务器一般是性能强大的计算机，拥有更快的CPU、更大的内存。在实际商业应用中，为了提高效率，一般是多台服务器协同工作，一台服务器只担负单一的功能。大型网站甚至需要多达数万台服务器协同工作，这些服务器可以分布在不同的地方，也可以集中在一个数据中心里。

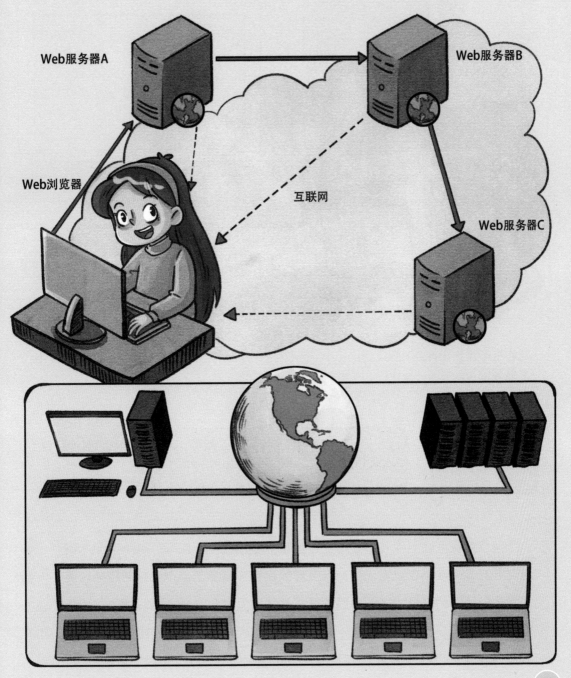

万维网

人们常常把万维网和互联网等同起来，其实它们是不一样的。简单来说，互联网是一个联通全世界的基础网络，在这个网络上可以传送各种不同的信息，而万维网只是其中的一个应用——在互联网上传送网页。除了万维网之外，我们还可以通过互联网发送和接收电子邮件、聊天信息、传送文件等。

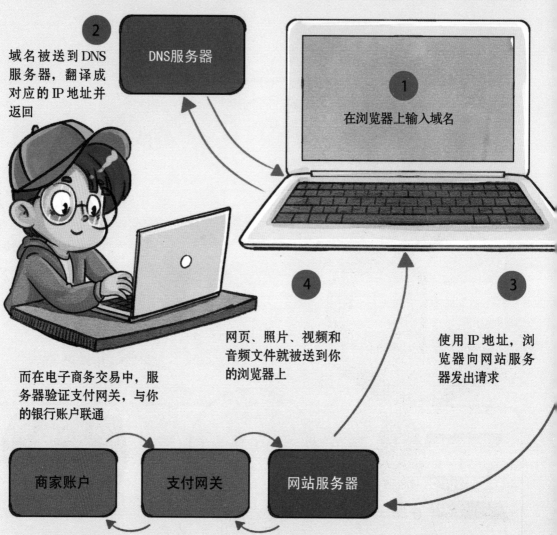

2 域名被送到 DNS 服务器，翻译成对应的 IP 地址并返回

DNS服务器

1 在浏览器上输入域名

4 网页、照片、视频和音频文件就被送到你的浏览器上

3 使用 IP 地址，浏览器向网站服务器发出请求

而在电子商务交易中，服务器验证支付网关，与你的银行账户联通

商家账户

支付网关

网站服务器

当我们在电脑上打开浏览器，在地址栏里输入一个网址，敲一下回车键，一个网页就会显示在浏览器里。这个网页可能保存在世界上某个角落的服务器里，电脑依靠我们输入的网址找到那台服务器，并把网页取出，放到我们的浏览器里，这个网址其实有个正式的名字：统一资源定位地址（URL）。在万维网的世界里，所有网页都有唯一的 URL 地址，有了这个地址，我们就可以获得我们需要的网页。

万维网的出现对人类的信息传播产生了极其深远的影响，它是人类历史上使用最广泛的传播媒介，其商业价值无法估算。有意思的是，发明万维网的不是计算机专家，而是欧洲核研究会下属的粒子实验室的一位名叫蒂姆·伯纳斯·李的物理学家，他在 1991 年 8 月 6 日，推出了世界上第一个网页。

英国计算机科学家蒂姆·伯纳斯·李，发明万维网 "www" 改变了全球信息化的传统模式。

据统计，目前全世界一共有大约 10.7 亿个网站。在 http://info.cern.ch/ 这个地址里保留了世界上第一个网页的样子。2004 年，蒂姆·伯纳斯·李获得了"千年技术奖"，以表彰他发明万维网的贡献，他也是这个全球最著名的技术奖的第一位获得者。

大型计算机和超级计算机

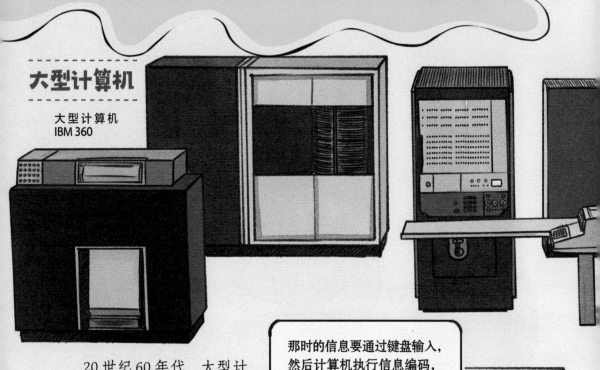

大型计算机

大型计算机
IBM 360

20 世纪 60 年代，大型计算机开始出现。那时候，最著名的大型计算机要数 IBM 360，"360"来源于它的设计理念——满足用户 360°全方位的需求。IBM 360 于 1965 年在美国上市，在当时因拥有众多的新技术而闻名。人们对它的开发投入高达 50 亿美元！

那时的信息要通过键盘输入，然后计算机执行信息编码，这些编码信息通过一系列的打孔卡记录下来

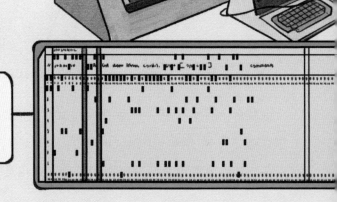

打孔卡是一块纸板，通过在特定的位置上打孔或者不打孔来体现数位信息

IBM 360 体积庞大，计算机本身（除外接的打印机等设备外）就占据了 8 立方米的空间！这么庞大的机器，运行中自然会产生很大的热量，因此大型计算机的机房必须是恒温的，除了专业维护人员以外，一般人不能随便进入。

绝大部分的计算中心的计算机房除专业操作和维护人员外，其他人是不能随便进入的。因此，在等待自己的计算结果出来的时间里，这名研究员也只能是透过玻璃窗"观赏"到机房里的计算机（主机）。

经常使用 U 盘存储文件的我们，恐怕已经很难想象几十年前人们在使用 IBM 360 计算后，需要整整一个甚至数个大柜子才能放下自己的计算数据。

几十年后的今天，大型计算机这类的机器仍然凭借着巨大的数据吞吐量和超高的安全性、可靠性和稳定性，受到银行业、保险业和社保管理等部门的青睐。不过，今天提到大型专业计算机的时候，很多人会首先想到超级计算机。

每秒 10 亿亿次运算

超级计算机是指能够极高速运算并处理大量数据的计算机，这种性能使很多复杂的模拟得以实现。其中，极高速的运算主要依靠超级计算机独特的平行结构设计。20 世纪 80 年代末期开始的并行计算模式，即许多指令同时进行的计算模式，让一部超级计算机内的众多处理器可以同时运作。

超级计算机的运算速度越来越快

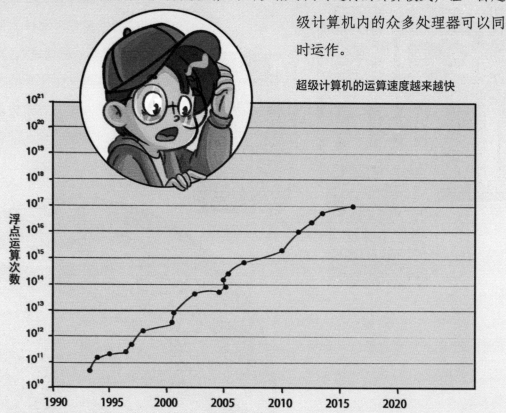

今天我们提到一台专业计算机的运算速度时，所用的计量单位是每秒浮点运算次数（FLOPS），浮点运算可以看作是涉及实数近似值的运算操作，FLOPS 是衡量运算速度的基本单位，比如：英特尔的酷睿 i7 980 XE 处理器可以达到 10^{11}（1000 亿）FLOPS，而我国的超级计算机"神威·太湖之光"的速度更是可以达到惊人的 9.3×10^{16}（9.3 亿亿）FLOPS ！

其实，超级计算机的运算速度和处理器的数量有直接关系，今天的一台超级计算机内的处理器数量已经数以万计，比如：2012 年美国克雷公司承建的泰坦超级计算机有 56 万个处理器。然而，处理器的数量并不是超级计算机运算速度的决定性因素，处理器本身的性能更加关键，比如：2016 年我国的"神威·太湖之光"超级计算机的处理器数量是 40960，少于泰坦，但是运算速度却超过泰坦 5 倍之多。

超级计算机也被称为"国之重器"，超级计算属于战略高技术领域，是世界各国竞相角逐的科技制高点，是一个国家科技实力的重要标志之一。2016年6月20日，国际超算大会公布世界超级计算机 TOP 500 榜单。由我国国家并行计算机工程技术研究中心研制的"神威·太湖之光"以超出第二名近三倍的运算速度夺得第一名。2017年6月19日，在国际超算大会国际高性能计算大会上，"神威·太湖之光"超级计算机再次斩获世界超级计算机排名榜单 TOP 500 的第一名。

计算机"超人"都做些什么

和早期的计算机一样，超级计算机的一个重要应用领域是国防科研，比如模拟分析氢弹点燃时刻的状况，这涉及核物理和流体力学领域的知识、大量的数据和计算公式，非常复杂。这种需要同时分析成千上万个小的组成部分的计算，只有拥有大量处理器的超级计算机才能办得到。

超级计算机还可以分析和预估天气。现代的天气预报主要是针对某一地区（或地点）的地球大气层的状态分析，通过卫星、地面观测站、气象观测气球等方式收集大量数据（包括气温、湿度、风向、风速、气压等），然后用建立在各种历史数据基础上的数学模型来分析估算出某个地区的天气数据，再模拟出地球大气层随时间推移而发生的变化。

20世纪80年代的计算机，由于处理和分析能力有限，总是把需要预报的地区粗略地分成100平方千米大小的局部面积，再将大气层垂直分成4层，但这样分析出来的结果并不精确。

而现在利用超级计算机，单位局部面积可以缩小至 3 ~ 5 平方千米，大气层可以被垂直分成 60 层，计算分析出来的结果非常精确，就连相邻城镇的细微天气差异也可以体现出来。

　　近些年来，超级计算机取得了惊人的进步。2016 年，谷歌的超级计算机战胜职业围棋选手的故事很多人都知道。不过，和人脑相比，超级计算机还是有不少需要学习借鉴的地方，比如大脑独特的三维空间结构和信息在神经网络中传递的方式都是目前最强大的超级计算机也难以模仿的。

未来计算机

近些年，未来计算机开始展现雏形。英国伦敦帝国理工学院的研究人员发表了一篇名为"用于鲁棒性数字式合成生物学的工程模块化和正交遗传逻辑门"的论文。合成生物学致力于设计和制造基于生物学的部件、设备和系统的过程，它还涉及再造天然的生物体系，让它承担新的任务。这些任务包括：作为感测器时，它要在人体动脉内游动来发现问题、传送药物；作为环境传感器时，能检测出空气和水中的有毒物质。人们还希望它能发现并消灭癌细胞。

DNA 的 A 形态和 B 形态

同时，这篇论文提出了合成生物学在计算机科学领域的应用方式。在发表这篇论文时，伦敦帝国理工学院合成生物学与创新研究中心的理查德·凯特尼博士解释道："逻辑门是硅电路的基础构建模块，而硅电路是我们整个数字时代的根基。没有硅电路，我们就无法处理数字信息。既然我们已经证明可以利用细菌和 DNA 来仿制这些部件，我们也希望我们的工作可以通向新一代的生物处理器，它们在信息处理中的应用能和电子信息处理器一样更要。"

生物计算机之所以会扮演桥梁的角色，首先是因为划算。当你为单独一个细胞编程时，通过细胞分裂，你可以培养数十亿个细胞，而只需要花费简单的营养液和实验室人员的时间。其次是因为生物计算机将远比用电线和硅做出来的电脑可靠。我们的大脑可以在损失数百万个细胞后继续工作，但你的奔腾芯片驱动的电脑可能会因为一根线被切断而彻底停工。

另外，就是每一个细胞都是一个根据指令运转的微型化工厂，一旦有机体被编程，那么你几乎可以合成任何的生物化学物质。这也是汤姆·奈特设想生物计算机会像所有生物化学系统一样工作，将信息技术和生物技术连接起来的原因。

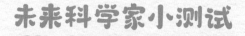

未来科学家小测试

1. 下列选项中，不属于冯·诺依曼认为的构成计算机的五大部件的是（　）。

   A. 储存器

   B. 控制器

   C. 运算器

   D. 光驱

2. 下列选项中用于图片编辑的软件是（　）。

   A. VisiCalc

   B. Excel

   C. Photoshop

   D. 微信

3. 全球最著名的技术奖"千年技术奖"的首位获得者是（　）。

   A. 文顿·格雷·瑟夫

   B. 罗伯特·卡恩

   C. 蒂姆·伯纳斯·李

   D. 约翰·诺尔

4. 连续两年斩获世界超级计算机排名榜单 TOP 500 第一名的超级计算机是（　）。

   A. Frontier(前沿）超级计算机

   B. 神威·太湖之光超级计算机

   C. Summit（顶点）超级计算机

   D. Sierra（山脊）超级计算机

5. 谈一谈在生活中你都使用电脑做哪些事情。

_____

_____

_____

6. 说一说超级计算机是如何帮我们预测天气的。

_____

_____

_____

7. 你希望未来的计算机能帮助你完成哪些操作。

_____

_____

_____

_____

答案：1D，2C，3C，4B。

少年时编委会

祝伟中，小多总编辑，物理学学士，传播学硕士

阮健，小多执行主编，英国纽卡斯尔大学教育学硕士，科技媒体人，资深童书策划编辑

张楠楠，"少年时"专题编辑，清华大学化学生物学硕士

吕亚洲，"少年时"专题编辑，高分子材料科学学士

秦捷，小多全球组稿编辑，比利时天主教鲁汶大学 MBA，跨文化学者

海上云，工学博士，计算机网络研究者，美国 10 多项专利发明者，资深科普作者

凯西安·科娃斯基，资深作者和记者，哈佛大学法学博士

让－皮埃尔·博笛，物理学博士，法国国家科学研究中心高级研究员

肯·福特·鲍威尔，孟加拉国国际学校老师，英国童书及杂志作者

哈利·莱文，美国肯塔基大学教授

赛琳·阿兹·胡塞特，法国教育心理学硕士、人类学硕士，青少年心理顾问

克里斯·福雷斯特，美国中学教师，资深科普作者

娜塔莉·迪恩，作家、心理教练、临床催眠治疗师和体能训练师、

丹·里施，美国知名童书以及儿童杂志作者

图书在版编目（CIP）数据

计算机大穿越 / 小多科学馆编著 ; 石子儿童书绘.

北京 : 电子工业出版社, 2024.7. — (未来科学家科

普分级读物). — ISBN 978-7-121-48139-0

Ⅰ . TP3-49

中国国家版本馆CIP数据核字第2024CD8791号

责任编辑： 肖　雪　季　萌
印　　刷： 北京利丰雅高长城印刷有限公司
装　　订： 北京利丰雅高长城印刷有限公司
出版发行： 电子工业出版社
　　　　　 北京市海淀区万寿路173信箱　邮编：100036
开　　本： 889×1194　1/16　印张：24　字数：460.8千字
版　　次： 2024年7月第1版
印　　次： 2024年7月第1次印刷
定　　价： 158.00元（全6册）

凡所购买电子工业出版社图书有缺损问题，请向购买书店调换。若书店售缺，请与本社发
行部联系，联系及邮购电话：（010）88254888，88258888。

质量投诉请发邮件至zlts@phei.com.cn，盗版侵权举报请发邮件至dbqq@phei.com.cn。

本书咨询联系方式：（010）88254161转1860，xiaox@phei.com.cn。